Product / Factor Memorization System

"FACTOR THIS !" is a remarkable resource that will enable your students to memorize the "Multiplication Table" in a fun, new, and simplified way.

The key to this new system is the *"Reversibility of Factors"*. This rule of mathematics, when taught to students from the very beginning, enables them to memorize a much smaller "Multiplication Table". Please note the vastly simplified chart on the back cover of this book.

Students will absolutely love watching the number of equations they need to memorize shrink as they work their way through each section of the book. Each section begins with an "Enlargement" of the new equations they need to learn. Next is the "Check Up", to make sure that they have memorized all of these equations. After that, is the "Quiz", which is a review of all the sections already learned. There is also a final "Test" that reinforces the entire "Multiplication Table".

Marbles are a great way to explain the *"Reversibility of Factors"* rule.

For example... **2 x 3 = 6   or   3 x 2 = 6**

= 6

or... 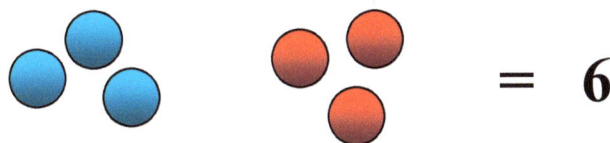 = 6

0 x (any number) = 0

or

(any number) x 0 = 0

1 x (any number) =
(that number)

or

(any number) x 1 =
(that number)

Product / Factor Check-up

0's & 1's

1. *Solve* the following equations.

A.   0 x 1 = _____

B.   0 x 3 = _____

C.   0 x 5 = _____

D.   0 x 7 = _____

E.   0 x 9 = _____

F.   0 x 11 = _____

G.   1 x 1 = _____

H.   3 x 1 = _____

I.   5 x 1 = _____

J.   7 x 1 = _____

K.   9 x 1 = _____

L.   11 x 1 = _____

M.   1 x 2 = _____

N.   1 x 4 = _____

O.   1 x 6 = _____

P.   1 x 8 = _____

Q.   1 x 10 = _____

R.   1 x 12 = _____

S.   2 x 0 = _____

T.   4 x 0 = _____

U.   6 x 0 = _____

V.   8 x 0 = _____

W.   10 x 0 = _____

X.   12 x 0 = _____

Product / Factor Quiz

1. Solve the following equations.

A. 1 x 12 = _____

J. 1 x 5 = _____

B. 10 x 1 = _____

K. 12 x 0 = _____

C. 1 x 3 = _____

L. 4 x 1 = _____

D. 6 x 1 = _____

M. 1 x 1 = _____

E. 0 x 8 = _____

N. 2 x 1 = _____

F. 11 x 0 = _____

O. 1 x 457 = _____

G. 7 x 1 = _____

P. 9 x 1 = _____

H. 234 x 0 = _____

Q. 0 x 0 = _____

I. 0 x 8 = _____

R. 11 x 1 = _____

2. Fill in the blank with the correct "product" or "factor".

A. If the product is (12), then two factors would be (12) and (___).

B. If the product is (9), then two factors would be (___) and (1).

C. If two factors are (5) and (1), then the product is (___).

D. If two factors are (1) and (___) then the product is (7).

$2 \times 2 = 4$

$2 \times 3 \text{ or } 3 \times 2 = 6$

$2 \times 4 \text{ or } 4 \times 2 = 8$

$2 \times 5 \text{ or } 5 \times 2 = 10$

$2 \times 6 \text{ or } 6 \times 2 = 12$

$2 \times 7 \text{ or } 7 \times 2 = 14$

$2 \times 8 \text{ or } 8 \times 2 = 16$

$2 \times 9 \text{ or } 9 \times 2 = 18$

$2 \times 10 \text{ or } 10 \times 2 = 20$

$2 \times 11 \text{ or } 11 \times 2 = 22$

$2 \times 12 \text{ or } 12 \times 2 = 24$

Product / Factor Check-up

2's only

1. Solve the following equations.

A. $2 \times 1 = \_\_\_\_$

B. $2 \times 3 = \_\_\_\_$

C. $2 \times 5 = \_\_\_\_$

D. $2 \times 7 = \_\_\_\_$

E. $2 \times 9 = \_\_\_\_$

F. $2 \times 11 = \_\_\_\_$

G. $1 \times 2 = \_\_\_\_$

H. $4 \times 2 = \_\_\_\_$

I. $6 \times 2 = \_\_\_\_$

J. $8 \times 2 = \_\_\_\_$

K. $10 \times 2 = \_\_\_\_$

L. $12 \times 2 = \_\_\_\_$

M. $2 \times 2 = \_\_\_\_$

N. $2 \times 4 = \_\_\_\_$

O. $2 \times 6 = \_\_\_\_$

P. $2 \times 8 = \_\_\_\_$

Q. $2 \times 10 = \_\_\_\_$

R. $2 \times 12 = \_\_\_\_$

S. $3 \times 2 = \_\_\_\_$

T. $5 \times 2 = \_\_\_\_$

U. $7 \times 2 = \_\_\_\_$

V. $9 \times 2 = \_\_\_\_$

W. $11 \times 2 = \_\_\_\_$

X. $2 \times 0 = \_\_\_\_$

Product / Factor Quiz

1. Solve the following equations.

A.   2 x 12 = _____   J.   2 x 5 = _____

B.   10 x 2 = _____   K.   12 x 1 = _____

C.   2 x 3 = _____   L.   4 x 2 = _____

D.   6 x 2 = _____   M.   2 x 1 = _____

E.   2 x 8 = _____   N.   2 x 6 = _____

F.   11 x 2 = _____   O.   1 x 39 = _____

G.   7 x 2 = _____   P.   9 x 2 = _____

H.   77 x 0 = _____   Q.   2 x 10 = _____

I.   2 x 2 = _____   R.   2 x 11 = _____

2. Fill in the blank with the correct "product" or "factor".

A.   If the product is (12), then two factors would be (___) and (2).

B.   If the product is (22), then two factors would be (___) and (11).

C.   If two factors are (5) and (___), then the product is (10).

D.   If two factors are (2) and (8) then the product is (___).

3 x 3 = 9

3 x 4 or 4 x 3 = 12

3 x 5 or 5 x 3 = 15

3 x 6 or 6 x 3 = 18

3 x 7 or 7 x 3 = 21

3 x 8 or 8 x 3 = 24

3 x 9 or 9 x 3 = 27

3 x 10 or 10 x 3 = 30

3 x 11 or 11 x 3 = 33

3 x 12 or 12 x 3 = 36

Product / Factor Check-up

1. Solve the following equations.

A. 3 x 12 = _____   M. 3 x 11 = _____

B. 3 x 10 = _____   N. 3 x 9 = _____

C. 3 x 8 = _____   O. 3 x 7 = _____

D. 3 x 6 = _____   P. 3 x 5 = _____

E. 3 x 4 = _____   Q. 3 x 3 = _____

F. 3 x 2 = _____   R. 3 x 1 = _____

G. 1 x 3 = _____   S. 2 x 3 = _____

H. 4 x 3 = _____   T. 5 x 3 = _____

I. 6 x 3 = _____   U. 7 x 3 = _____

J. 8 x 3 = _____   V. 9 x 3 = _____

K. 10 x 3 = _____   W. 11 x 3 = _____

L. 12 x 3 = _____   X. 0 x 3 = _____

Product / Factor Quiz

1. Solve the following equations.

A. 3 x 1 = _____

B. 3 x 11 = _____

C. 3 x 3 = _____

D. 12 x 3 = _____

E. 2 x 3 = _____

F. 8 x 3 = _____

G. 11 x 3 = _____

H. 92 x 1 = _____

I. 8 x 2 = _____

J. 3 x 5 = _____

K. 3 x 9 = _____

L. 3 x 7 = _____

M. 4 x 3 = _____

N. 6 x 3 = _____

O. 10 x 3 = _____

P. 3 x 8 = _____

Q. 2 x 10 = _____

R. 1 x 780 = _____

2. Fill in the blank with the correct "product" or "factor".

A. Give two factor sets for (9). (___ and ___)(___ and ___).

B. If the product is (___), then two factor sets are (2 and 6)(___ and 3).

C. If two factor sets are (3 and ___)(2 and 12), then the product is (___).

D. Give two factor sets for (10). (___ and ___)(___ and ___).

4 x 4 = 16

4 x 5 or 5 x 4 = 20

4 x 6 or 6 x 4 = 24

4 x 7 or 7 x 4 = 28

4 x 8 or 8 x 4 = 32

4 x 9 or 9 x 4 = 36

4 x 10 or 10 x 4 = 40

4 x 11 or 11 x 4 = 44

4 x 12 or 12 x 4 = 48

Product / Factor Check-up

1. Solve the following equations.

A. $4 \times 1 = $ _____

B. $4 \times 3 = $ _____

C. $4 \times 5 = $ _____

D. $4 \times 7 = $ _____

E. $4 \times 9 = $ _____

F. $4 \times 11 = $ _____

G. $1 \times 4 = $ _____

H. $3 \times 4 = $ _____

I. $6 \times 4 = $ _____

J. $8 \times 4 = $ _____

K. $10 \times 4 = $ _____

L. $12 \times 4 = $ _____

M. $4 \times 2 = $ _____

N. $4 \times 4 = $ _____

O. $4 \times 6 = $ _____

P. $4 \times 8 = $ _____

Q. $4 \times 10 = $ _____

R. $4 \times 12 = $ _____

S. $2 \times 4 = $ _____

T. $5 \times 4 = $ _____

U. $7 \times 4 = $ _____

V. $9 \times 4 = $ _____

W. $11 \times 4 = $ _____

X. $4 \times 0 = $ _____

Product / Factor Quiz

1. Solve the following equations.

A.   4 x 2 = _____

B.   4 x 6 = _____

C.   4 x 12 = _____

D.   3 x 4 = _____

E.   7 x 4 = _____

F.   11 x 4 = _____

G.   8 x 4 = _____

H.   3 x 8 = _____

I.   8 x 2 = _____

J.   4 x 4 = _____

K.   4 x 8 = _____

L.   4 x 10 = _____

M.   5 x 4 = _____

N.   9 x 4 = _____

O.   6 x 4 = _____

P.   4 x 7 = _____

Q.   9 x 3 = _____

R.   3 x 12 = _____

2. Fill in the blank with the correct "product" or "factor".

A.   Two factor sets for (12) other than (1 and 12). (___ and ___)(___ and ___)

B.   If the product is (___), then two factor sets are (2 and 8)(___ and 4).

C.   If two factor sets are (5 and ___)(2 and 10), then the product is (___).

D.   Give three factor sets for (24). (12 and ___)(___ and 4)(3 and ___)

5 x 5 = 25

5 x 6 or 6 x 5 = 30

5 x 7 or 7 x 5 = 35

5 x 8 or 8 x 5 = 40

5 x 9 or 9 x 5 = 45

5 x 10 or 10 x 5 = 50

5 x 11 or 11 x 5 = 55

5 x 12 or 12 x 5 = 60

Product / Factor Check-up

1. Solve the following equations.

A. 5 x 12 = _____

B. 5 x 10 = _____

C. 5 x 8 = _____

D. 5 x 6 = _____

E. 5 x 4 = _____

F. 5 x 2 = _____

G. 1 x 5 = _____

H. 3 x 5 = _____

I. 6 x 5 = _____

J. 8 x 5 = _____

K. 10 x 5 = _____

L. 12 x 5 = _____

M. 5 x 11 = _____

N. 5 x 9 = _____

O. 5 x 7 = _____

P. 5 x 5 = _____

Q. 5 x 3 = _____

R. 5 x 1 = _____

S. 2 x 5 = _____

T. 4 x 5 = _____

U. 7 x 5 = _____

V. 9 x 5 = _____

W. 11 x 5 = _____

X. 0 x 5 = _____

Product / Factor Quiz

1. Solve the following equations.

A.   5 x 5 = _____

B.   5 x 9 = _____

C.   3 x 5 = _____

D.   6 x 5 = _____

E.   10 x 5 = _____

F.   6 x 3 = _____

G.   8 x 4 = _____

H.   3 x 8 = _____

I.   12 x 4 = _____

J.   5 x 11 = _____

K.   5 x 7 = _____

L.   4 x 5 = _____

M.   8 x 5 = _____

N.   12 x 5 = _____

O.   7 x 4 = _____

P.   4 x 9 = _____

Q.   9 x 3 = _____

R.   4 x 6 = _____

2. Fill in the blank with the correct "product" or "factor". (Both of the numbers in each "factor set" are between 2 and 12)

A.   Give two factor sets for (40). (10 and ___)(___ and 8)

B.   If the product is (___), then two factor sets are (5 and 6)(3 and ___).

C.   If two factor sets are (3 and 6)(2 and ___), then the product is (___).

D.   Give two factor sets for (20). (___ and ___)(___ and ___)

$6 \times 6 = 36$

6×7 or $7 \times 6 = 42$

6×8 or $8 \times 6 = 48$

6×9 or $9 \times 6 = 54$

6×10 or $10 \times 6 = 60$

6×11 or $11 \times 6 = 66$

6×12 or $12 \times 6 = 72$

Product / Factor Check-up

1. Solve the following equations.

A. $6 \times 1 =$ _____

B. $6 \times 3 =$ _____

C. $6 \times 5 =$ _____

D. $6 \times 7 =$ _____

E. $6 \times 9 =$ _____

F. $6 \times 11 =$ _____

G. $1 \times 6 =$ _____

H. $3 \times 6 =$ _____

I. $5 \times 6 =$ _____

J. $8 \times 6 =$ _____

K. $10 \times 6 =$ _____

L. $12 \times 6 =$ _____

M. $6 \times 2 =$ _____

N. $6 \times 4 =$ _____

O. $6 \times 6 =$ _____

P. $6 \times 8 =$ _____

Q. $6 \times 10 =$ _____

R. $6 \times 12 =$ _____

S. $2 \times 6 =$ _____

T. $4 \times 6 =$ _____

U. $7 \times 6 =$ _____

V. $9 \times 6 =$ _____

W. $11 \times 6 =$ _____

X. $6 \times 0 =$ _____

Product / Factor Quiz

1. Solve the following equations.

A.   6 x 3 = _____

B.   6 x 7 = _____

C.   6 x 11 = _____

D.   6 x 6 = _____

E.   6 x 10 = _____

F.   12 x 6 = _____

G.   8 x 6 = _____

H.   5 x 9 = _____

I.   3 x 7 = _____

J.   6 x 5 = _____

K.   6 x 9 = _____

L.   6 x 4 = _____

M.   6 x 8 = _____

N.   6 x 12 = _____

O.   9 x 6 = _____

P.   7 x 6 = _____

Q.   4 x 8 = _____

R.   8 x 4 = _____

2. Fill in the blank with the correct "product" or "factor". (Both of the numbers in each "factor set" are between 2 and 12)

A.   Give three factor sets for (36). (___ and ___)(___ and ___)(___ and ___)

B.   If the product is (___), then two factor sets are (4 and 12)(___ and ___).

C.   If two factor sets are (3 and 6)(2 and ___), then the product is (___).

D.   Give two factor sets for (16). (___ and ___)(___ and ___)

7 x 7 = 49

7 x 8 or 8 x 7 = 56

7 x 9 or 9 x 7 = 63

7 x 10 or 10 x 7 = 70

7 x 11 or 11 x 7 = 77

7 x 12 or 12 x 7 = 84

Product / Factor Check-up

7's only

1. Solve the following equations.

A. $7 \times 12 = \underline{\hspace{1cm}}$

B. $7 \times 10 = \underline{\hspace{1cm}}$

C. $7 \times 8 = \underline{\hspace{1cm}}$

D. $7 \times 6 = \underline{\hspace{1cm}}$

E. $7 \times 4 = \underline{\hspace{1cm}}$

F. $7 \times 2 = \underline{\hspace{1cm}}$

G. $1 \times 7 = \underline{\hspace{1cm}}$

H. $3 \times 7 = \underline{\hspace{1cm}}$

I. $5 \times 7 = \underline{\hspace{1cm}}$

J. $8 \times 7 = \underline{\hspace{1cm}}$

K. $10 \times 7 = \underline{\hspace{1cm}}$

L. $12 \times 7 = \underline{\hspace{1cm}}$

M. $7 \times 11 = \underline{\hspace{1cm}}$

N. $7 \times 9 = \underline{\hspace{1cm}}$

O. $7 \times 7 = \underline{\hspace{1cm}}$

P. $7 \times 5 = \underline{\hspace{1cm}}$

Q. $7 \times 3 = \underline{\hspace{1cm}}$

R. $7 \times 1 = \underline{\hspace{1cm}}$

S. $2 \times 7 = \underline{\hspace{1cm}}$

T. $4 \times 7 = \underline{\hspace{1cm}}$

U. $6 \times 7 = \underline{\hspace{1cm}}$

V. $9 \times 7 = \underline{\hspace{1cm}}$

W. $11 \times 7 = \underline{\hspace{1cm}}$

X. $0 \times 7 = \underline{\hspace{1cm}}$

Product / Factor Quiz

7	3's – 7's

1. Solve the following equations.

A. $7 \times 12 = $ _____

B. $7 \times 10 = $ _____

C. $7 \times 6 = $ _____

D. $7 \times 7 = $ _____

E. $7 \times 4 = $ _____

F. $12 \times 7 = $ _____

G. $6 \times 6 = $ _____

H. $4 \times 9 = $ _____

I. $7 \times 3 = $ _____

J. $7 \times 11 = $ _____

K. $7 \times 8 = $ _____

L. $7 \times 9 = $ _____

M. $7 \times 5 = $ _____

N. $7 \times 3 = $ _____

O. $8 \times 7 = $ _____

P. $5 \times 12 = $ _____

Q. $3 \times 8 = $ _____

R. $6 \times 7 = $ _____

2. Fill in the blank with the correct "product" or "factor". (Both of the numbers in each "factor set" are between 2 and 12)

A. Give three factor sets for (36). (___ and ___)(___ and ___)(___ and ___)

B. Using numbers between 2 and 12, the only factor set for (54) is (___ and ___).

C. Using numbers between 2 and 12, the only factor set for (56) is (___ and ___).

D. Using numbers between 2 and 12, the only factor set for (63) is (___ and ___).

$8 \times 8 = 64$

8×9 or $9 \times 8 = 72$

8×10 or $10 \times 8 = 80$

8×11 or $11 \times 8 = 88$

8×12 or $12 \times 8 = 96$

Product / Factor Check-up

1. Solve the following equations.

A. 8 x 1 = _____

B. 8 x 3 = _____

C. 8 x 5 = _____

D. 8 x 7 = _____

E. 8 x 9 = _____

F. 8 x 11 = _____

G. 1 x 8 = _____

H. 3 x 8 = _____

I. 5 x 8 = _____

J. 7 x 8 = _____

K. 10 x 8 = _____

L. 12 x 8 = _____

M. 8 x 2 = _____

N. 8 x 4 = _____

O. 8 x 6 = _____

P. 8 x 8 = _____

Q. 8 x 10 = _____

R. 8 x 12 = _____

S. 2 x 8 = _____

T. 4 x 8 = _____

U. 6 x 8 = _____

V. 9 x 8 = _____

W. 11 x 8 = _____

X. 8 x 0 = _____

Product / Factor Quiz

1. Solve the following equations.

A. 8 x 4 = _____   J. 8 x 2 = _____

B. 8 x 6 = _____   K. 8 x 8 = _____

C. 8 x 10 = _____   L. 8 x 12 = _____

D. 3 x 8 = _____   M. 8 x 3 = _____

E. 5 x 8 = _____   N. 7 x 8 = _____

F. 9 x 8 = _____   O. 11 x 8 = _____

G. 6 x 6 = _____   P. 7 x 7 = _____

H. 4 x 4 = _____   Q. 5 x 5 = _____

I. 3 x 3 = _____   R. 4 x 8 = _____

2. Fill in the blank with the correct "product" or "factor". (Both of the numbers in each "factor set" are between 2 and 12)

A. Give two factor sets for (72). (___ and ___)(___ and ___)

B. Give two factor sets for (48). (___ and ___)(___ and ___)

C. Using numbers between 2 and 12, the only factor set for (63) is (___ and ___).

D. Using numbers between 2 and 12, the only factor set for (64) is (___ and ___).

9 x 9 = 81

9 x 10 or 10 x 9 = 90

9 x 11 or 11 x 9 = 99

9 x 12 or 12 x 9 = 108

Product / Factor Check-up

1. Solve the following equations.

A.   9 x 12 = _____

B.   9 x 10 = _____

C.   9 x 8 = _____

D.   9 x 6 = _____

E.   9 x 4 = _____

F.   9 x 2 = _____

G.   1 x 9 = _____

H.   3 x 9 = _____

I.   5 x 9 = _____

J.   7 x 9 = _____

K.   10 x 9 = _____

L.   12 x 9 = _____

M.   9 x 11 = _____

N.   9 x 9 = _____

O.   9 x 7 = _____

P.   9 x 5 = _____

Q.   9 x 3 = _____

R.   9 x 1 = _____

S.   2 x 9 = _____

T.   4 x 9 = _____

U.   6 x 9 = _____

V.   8 x 9 = _____

W.   11 x 9 = _____

X.   0 x 9 = _____

Product / Factor Quiz

1. Solve the following equations.

A.   12 x 9 = _____

B.   9 x 10 = _____

C.   8 x 9 = _____

D.   9 x 6 = _____

E.   4 x 9 = _____

F.   9 x 8 = _____

G.   9 x 12 = _____

H.   12 x 8 = _____

I.   7 x 7 = _____

J.   11 x 9 = _____

K.   9 x 9 = _____

L.   7 x 9 = _____

M.   9 x 5 = _____

N.   3 x 9 = _____

O.   9 x 7 = _____

P.   12 x 5 = _____

Q.   8 x 8 = _____

R.   6 x 7 = _____

2. Fill in the blank with the correct "product" or "factor". (Both of the numbers in each "factor set" are between 2 and 12)

A.   Give three factor sets for (36). (___ and ___)(___ and ___)(___ and ___)

B.   Give three factor sets for (24). (___ and ___)(___ and ___)(___ and ___)

C.   Give two factor sets for (72). (___ and ___)(___ and ___).

D.   Using numbers between 2 and 12, the only factor set for (108) is (___ and ___).

$10 \times 10 = 100$

10×11 or $11 \times 10 = 110$

10×12 or $12 \times 10 = 120$

$11 \times 11 = 121$

11×12 or $12 \times 11 = 132$

Product / Factor Check-up

10's & 11's

1. Solve the following equations.

A.   10 x 1 = _____   M.   11 x 2 = _____

B.   10 x 3 = _____   N.   11 x 4 = _____

C.   10 x 5 = _____   O.   11 x 6 = _____

D.   10 x 7 = _____   P.   11 x 8 = _____

E.   10 x 9 = _____   Q.   11 x 10 = _____

F.   10 x 11 = _____   R.   11 x 12 = _____

G.   1 x 11 = _____   S.   2 x 10 = _____

H.   3 x 11 = _____   T.   4 x 10 = _____

I.   5 x 11 = _____   U.   6 x 10 = _____

J.   7 x 11 = _____   V.   8 x 10 = _____

K.   9 x 11 = _____   W.   10 x 10 = _____

L.   11 x 11 = _____   X.   12 x 10 = _____

Product / Factor Quiz

10 | 10's & 11's

1. Solve the following equations.

A. $10 \times 7 =$ _____

B. $10 \times 9 =$ _____

C. $10 \times 11 =$ _____

D. $12 \times 10 =$ _____

E. $8 \times 10 =$ _____

F. $6 \times 10 =$ _____

G. $4 \times 10 =$ _____

H. $10 \times 10 =$ _____

I. $3 \times 10 =$ _____

J. $11 \times 7 =$ _____

K. $11 \times 9 =$ _____

L. $11 \times 10 =$ _____

M. $12 \times 11 =$ _____

N. $8 \times 11 =$ _____

O. $6 \times 11 =$ _____

P. $4 \times 11 =$ _____

Q. $11 \times 11 =$ _____

R. $3 \times 11 =$ _____

2. Fill in the blank with the correct "product" or "factor". (Both of the numbers in each "factor set" are between 2 and 12)

A. Give two factor sets for (40). (___ and ___)(___ and ___)

B. Give two factor sets for (30). (___ and ___)(___ and ___)

C. Give two factor sets for (60). (___ and ___)(___ and ___).

12 x 12 = 144

Product / Factor Check-up

1. Solve the following equations.

A. 12 x 12 = _____

B. 12 x 10 = _____

C. 12 x 8 = _____

D. 12 x 6 = _____

E. 12 x 4 = _____

F. 12 x 2 = _____

G. 1 x 12 = _____

H. 3 x 12 = _____

I. 5 x 12 = _____

J. 7 x 12 = _____

K. 9 x 12 = _____

L. 11 x 12 = _____

M. 12 x 11 = _____

N. 12 x 9 = _____

O. 12 x 7 = _____

P. 12 x 5 = _____

Q. 12 x 3 = _____

R. 12 x 1 = _____

S. 2 x 12 = _____

T. 4 x 12 = _____

U. 6 x 12 = _____

V. 8 x 12 = _____

W. 10 x 12 = _____

X. 0 x 12 = _____

Product / Factor Test

 Fill in the blank with the correct "product" or "factor". (Both of the numbers in each "factor set" are between 2 and 12)

1. Give three factor sets for (24). (__and__)(__and__)(__and__)

2. Give three factor sets for (36). (__and __)(__and __)(__and __)

3. Give two factor sets for (48). (__and __)(__and __)

4. Give two factor sets for (72). (__and __)(__and __)

5. Give two factor sets for (18). (__and __)(__and __)

6. Give two factor sets for (16). (__and __)(__and __)

7. Give two factor sets for (60). (__and __)(__and __)

8. Give two factor sets for (40). (__and __)(__and __)

9. Give two factor sets for (30). (__and__)(__and __)

10. Give two factor sets for (20). (__and __)(__and __)

 Solve the following equations.

a) 11 x 12 =	g) 5 x 5 =	m) 4 x 4 =	s) 7 x 7 =
b) 3 x 9 =	h) 7 x 6 =	n) 7 x 9 =	t) 4 x 3 =
c) 8 x 4 =	i) 10 x 10 =	0) 3 x 3 =	u) 9 x 9 =
d) 7 x 8 =	j) 9 x 5 =	p) 4 x 7 =	v) 12 x 12 =
e) 12 x 7 =	k) 6 x 6 =	q) 8 x 8 =	w) 8 x 12 =
f) 9 x 12 =	l) 6 x 9 =	r) 11 x 11 =	x) 7 x 8 =